送给孩子的宠物小百科

（日）小野寺佑纪 著

张 岚译

辽宁科学技术出版社

·沈阳·

篇首语

世间万物皆可宠

丰富生活，情感催化剂

人类从很早以前就开始跟猫猫狗狗一起生活了。几千年前，牛、羊和马等动物也逐渐加入了人类的生活。

到了现代，人类已经开始饲养各种各样的另类小萌宠，像可爱的仓鼠，娇艳的小鸟，美丽的金鱼、热带鱼，甚至小虾、螃蟹、青蛙、乌龟等。除了人们熟知的传统宠物外，这些新潮的小宠物可以统称为另类宠物。

饲养宠物可以让我们的生活变得更加丰富。和宠物一起生活，也能使我们更加体会到生命的意义。宠物能增进家人和亲友之间的感情，学习照顾宠物，也能够使我们的内心更加温柔善良。

尊重生命，培养责任感

人类饲养另类宠物的历史并不长，所以，在正确的饲养方法、疾病治疗等方面，我们还不够了解。小爱宠一旦生病了，能够提供咨询和治疗的宠物医院有限。对于那些引进物种和稀有物种来说，更是如此。

饲养宠物并非易事，一旦选择养宠物就不要随意弃养。如果随便把宠物丢弃到野外，很有可能导致当地生态系统 * 遭到破坏。

作为小萌宠的主人，饲养宠物需要责任感，这是对生命的尊重。认真学习宠物的各种习性和生活方式，才能和你的小萌宠幸福地生活在一起。

*生态系统：是指在自然界的一定空间内，生物与环境构成的统一整体。在这个统一整体中，生物与环境之间相互影响、相互制约，并在一定时期内处于相对稳定的动态平衡状态。

传统宠物和另类宠物

传统宠物

很久以前，人类就开始饲养猫、狗等动物，这些都是人们熟知的传统宠物。

另类宠物

另类宠物指除了传统宠物以外的一些水族宠物、小型哺乳动物、昆虫等新潮动物，比如虾、蟹、蜥蜴等。

目录

这本书在讲什么？

提到小萌宠，你最先想起什么动物？
是蹦蹦跳跳、毛茸茸的兔子，还是聪明伶俐、娇滴滴的鹦鹉，抑或是走起路来慢悠悠的乌龟呢？
你眼中的小萌宠是爱撒娇的“软毛团”，还是张牙舞爪的“小战士”？
这本书领你体验另类小萌宠的世界，你要的精彩开始啦！

第1章 宠物“萌”主，以“萌”服人

仓鼠和鹦鹉这些小动物是怎么走进人类生活，成为宠物的呢？在这里，你可以通过生动有趣的图画和文字，了解各种小萌宠与人类奇妙的渊源。

第2章 不可思议！小萌宠大揭秘
神奇的仓鼠：门牙不停长
来给仓鼠布置一个舒适的家吧！

第2章 不可思议！小萌宠大揭秘

聪明又调皮的小萌宠，你一定迫不及待想要养一只吧？养萌宠可不简单哦。你必备的技能与知识，全都在这里！

第3章 小萌宠大集合

作为家庭宠物的仓鼠、兔子、鸟类、鱼类等小动物，五花八门。这里汇聚了30种最具代表性的小萌宠。这些独具特色的小家伙，你也可以养一只做朋友！

资料
介绍图中小萌宠的身高、体重、特征以及性格。

小萌宠的名字

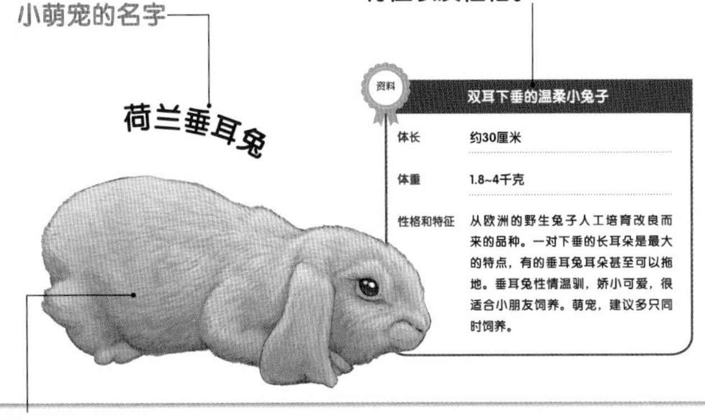

插图
生动准确地描绘出各种小萌宠的体貌、特征和性格。

风靡全球的黄金仓鼠

一切都从 1930 年人类捕捉到的一只野生小仓鼠开始……

发现野生黄金仓鼠的阿哈罗尼教授

从沙漠小可爱到全球爱宠

黄金仓鼠有一身金色的毛发，俗称“金丝熊”。据说，黄金仓鼠的祖先是叙利亚的几只野生仓鼠。所以，直到现在仍然有人把黄金仓鼠叫“叙利亚仓鼠”。

耶路撒冷大学的寄生虫*学教授沙尔鲁·阿尔塔为了科学研究，打算捕捉一些野生仓鼠。因此，他拜托自己的同事——动物学家阿哈罗尼教授，帮忙外出寻找仓鼠。

1930 年，阿哈罗尼教授在当地村民的帮助下，挖开了一个地下洞穴。他们幸运地从洞中捕获了 1 只仓鼠妈妈和 12 只尚未睁眼的仓鼠宝宝。

*寄生虫：在宿主的体表或体内生存，以宿主体内的营养为生。

遗憾的是，仓鼠妈妈和这些仓鼠宝宝死的死，逃的逃，最终，只有几只仓鼠宝宝幸存并健康长大了。黄金仓鼠宝宝们长大后，孕育了很多后代。1年以后，这些仓鼠已经繁殖出几百只。经过多年的精心培育，这窝黄金仓鼠的后代现在已经遍布全球，成为许多家庭热衷饲养的小萌宠。

现在，我们已经很难在自然界发现野生的黄金仓鼠了。

我的名字叫“虎皮鹦鹉”

来自澳大利亚的可爱小鹦鹉风靡世界。

鸟笼中精心饲养的虎皮鹦鹉

我有“虎皮”条纹，我很喜欢亲吻

据说，在人类饲养的各种宠物鸟之中，虎皮鹦鹉是数量最多的一种。虎皮鹦鹉是来自澳大利亚的一种个头较小的鹦鹉。野生虎皮鹦鹉喜欢群居。

1840 年，英国的鸟类学家约翰·古尔德教授前往澳大利亚进行鸟类调研，返程时，他带了一对虎皮鹦鹉回国。至此，虎皮鹦鹉首次来到欧洲。虎皮鹦鹉娇小可爱，歌声婉转动听，容易与人类亲近，很适合室内饲养。繁育虎皮鹦鹉也并不困难，因此，虎皮鹦鹉很快受到了欧洲人民的广泛喜爱。

野生的虎皮鹦鹉，羽毛大多是青黄色，背上有虎皮一样的花纹，因此得名“虎皮鹦鹉”。经过人类的繁育，现在也出现了各种毛色的虎皮鹦鹉。虎皮鹦鹉向配偶或同伴表示亲昵时，经常会做出类似人类“亲吻”的举动，调皮又可爱的样子让人忍俊不禁。

被遗弃的巴西龟：何处是归处

被主人遗弃的巴西龟，严重影响了自然生态。

在水塘里大量繁殖的巴西龟

对待爱宠，要有始有终

你有没有在宠物店里或者宠物市场的小摊位上看到过一种眼睛后面带红色条纹的小绿龟？它们叫“巴西红耳龟”，原产于美国密西西比河流域，俗称“巴西龟”。

巴西龟小的时候体型小巧玲珑，人们甚至可以把它托在手掌上与它玩耍。成年的巴西龟体长可达 30 厘米，无法在普通的小鱼缸或者水盆里饲养。而且，巴西龟的平均寿命可达 30 年，这可给一开始热衷养巴西龟的饲主们出了大难题。

于是，有很多人把体型过大、无法继续饲养的成年巴西龟偷偷丢弃到河里或池塘里。像这样遗弃宠物巴西龟的事情越来越多。它们对环境的适应能力极强，在野外与本土龟争夺食物，导致本土龟的数量不断减少，严重破坏了当地的生态环境。

远赴欧洲的热带鱼：备受关注

19 世纪起，欧洲开始流行养宠物鱼。

19世纪，养热带鱼的人用油灯给鱼缸保温

炙手可热的热带鱼

古时候的中国人就喜爱饲养各种观赏鱼。1000 多年前，人们就已经开始饲养金鱼等各种各样的小鱼了。

欧洲流行养鱼大约是从 18 世纪 30 年代开始的。由于这个时期玻璃制造工艺有了飞跃发展，所以人们开始研究在玻璃缸里饲养一些长寿的小宠物。在这以前，人们只能在图画中看到水生生物，想象它们在水中游来游去的样子。现在，终于有机会近距离观赏，便掀起了一股用水缸饲养水草和小鱼的热潮。

1869 年，欧洲人第一次尝试繁殖热带鱼。当时，中国送给法国几条盖斑斗鱼 *（淡水鱼 *）。那时候，远途运输是非常不容易的，所以人们养的宠物鱼几乎都是当地品种，对于远道而来的外国小鱼格外珍惜。

在繁殖盖斑斗鱼的同时，欧洲开始引进各种各样的热带鱼，于是，热带鱼成了炙手可热的小宠物。

*盖斑斗鱼：盖斑斗鱼是一种小型的淡水鱼，原产于中国南部。

*淡水鱼：生活在河流、湖泊等淡水中的鱼类。

逃跑的小龙虾：水田漫步

从美国远道而来的小龙虾，成了小朋友的田间玩伴。

在田间钓小龙虾的孩子们

一起来钓小龙虾

小龙虾原产于美国，又叫淡水龙虾（克氏原螯虾），是一种生活在淡水里面的甲壳类水生动物。大洋彼岸的小龙虾是如何来到中国的呢？那得先从日本说起。

早在 20 世纪二三十年代，日本从美国引进了小龙虾，作为牛蛙的饲料。当时，大约

有 20 只小龙虾被投放到神奈川县镰仓市的牛蛙养殖场。没想到，其中有几只竟然偷偷溜到了外面。随后，逃跑的小龙虾在各地田间以不可思议的速度繁衍生息，几年后，小龙虾登陆了中国南京。一开始，小龙虾也是被当作宠物或饵料引入的，很快就得到大范围推广，并发展成为深受人们喜爱的一道美食。

神奇的仓鼠：门牙不停长

来给仓鼠布置一个舒适的家吧！

仓鼠的身体

灵敏的鼻子

仓鼠的嗅觉（对气味的感觉）十分灵敏，遇到同类的时候，会用鼻子相互确认气味。仓鼠自身的体味来自腹部的两个臭腺。

萌萌的眼睛

仓鼠是夜行性动物*，即使在夜晚微弱的光线中也能看见周围的环境。但是，仓鼠的视力并不是很好。

柔软的颊囊

仓鼠的脸颊两侧各有一个颊囊。颊囊十分柔软，伸缩性非常强，可以用来储存暂时吃不了的食物。

灵巧的“双手”

仓鼠的前爪有4根长长的趾，没有拇趾，掌心有肉球。仓鼠可以用4根趾抓住种子等食物。

右前爪

强壮的牙齿

仓鼠的牙齿非常结实，4颗门牙前端锋利而尖锐。

仓鼠的特征与习性

野生仓鼠生活在气候干燥的地区。它们住在地洞里，能够忍受酷暑和严寒的温度差。不要小瞧仓鼠的巢穴哦，食物储藏间、儿童房、洗手间等可是一应俱全呢。

到了晚上，仓鼠就要出洞了。它们从巢穴中来到地面上，四处觅食。植物的叶子、根茎、种子、小昆虫等都是仓鼠的美味。因为视力欠佳，所以仓鼠大都是依靠嗅觉寻找食物，找到以后会藏进颊囊里，带回巢穴后再慢慢享用。

*夜行性动物：白天休息，夜间外出觅食和活动的动物。

适合饲养仓鼠的环境

笼子

笼子的大小应该保证仓鼠日常活动所需的空间。笼内需要定期打扫，保持清洁。铺在笼子里的木屑或纸屑如果脏了，建议不要一次性全部更换，仓鼠会因为找不到自己的味道而恐惧不安，每次只更换弄脏的部分即可。

卧室

白天，仓鼠喜欢躲在光线较暗的角落里睡觉，所以需要准备小木箱等遮光的“小房子”供它们白天睡觉。

厕所

仓鼠一般会在固定地点排泄，所以应该在笼子的角落里给它们准备一个专门的厕所。

喂水器

喂水器有出水口，可以在仓鼠想喝水的时候自动喂水。

食盆

食盆用于盛装固体饲料。对于小仓鼠来说，葵花子的含油量过高，不宜喂食太多。

小树枝

为了防止仓鼠的门牙长得太长，应该准备一些小树枝或者磨牙棒。如果仓鼠养成啃笼子的习惯，可能会把门牙咬断或咬变形。

跑轮或隧道

仓鼠天生喜欢在夜晚长途跋涉寻找食物，所以应该在笼子里准备跑轮或者隧道，给仓鼠提供夜间运动的装备。

地面

笼子的地面需要铺上一层木屑、碎纸屑等，厚度保持在可以让仓鼠藏身即可。

仓鼠的颊囊非常柔软，容量惊人。据说，有的仓鼠可以在颊囊中藏 100 颗葵花子呢！

仓鼠经常啃食植物的根茎和种子，牙齿非常结实。它们一共有 4 颗门牙和 12 颗大牙。由于仓鼠的门牙终生不停地生长，它们只有不断啃食坚硬的东西，磨一磨牙齿，门牙才能保持恰到好处的长度，以保证正常进食。

想要把仓鼠当作宠物饲养，就一定要提前了解它们的基本生活习性，给它们准备舒适健康的生活环境，这样才能够更加愉快地和你心爱的小仓鼠生活在一起。

神奇的鹦鹉：教我说话吧

带着感情与鹦鹉友好相处吧！

虎皮鹦鹉的身体

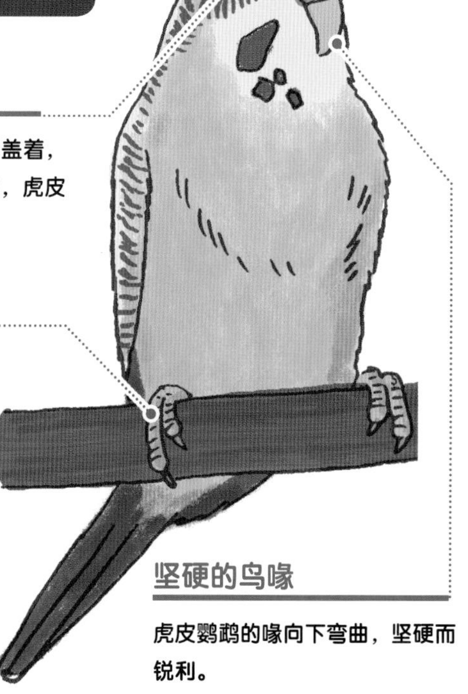

雌性与雄性拥有不同颜色的蜡膜

蜡膜，位于鸟喙与前额之间，是鸟类的一种感觉器官。成年雄性虎皮鹦鹉的蜡膜是蓝色或粉色的，而成年雌性虎皮鹦鹉的蜡膜大多呈肉色或茶色。幼鸟时期的蜡膜，颜色区别不太明显。

发达的听力

虎皮鹦鹉的耳朵被羽毛覆盖着，从表面很难观察到。其实，虎皮鹦鹉的听力非常发达。

健壮的爪子

握住树枝的时候，虎皮鹦鹉的爪子会分开，前后各2根。

坚硬的鸟喙

虎皮鹦鹉的喙向下弯曲，坚硬而锐利。

教鹦鹉说话

- 从幼鸟时期开始训练，有助于鹦鹉快速记忆
- 从鹦鹉面前路过的时候，一定要多叫它的名字
- 如果鹦鹉发音清晰，一定要予以鼓励和奖励
- 如果鹦鹉发音完全正确，一定要表现出喜悦和亲昵

大部分虎皮鹦鹉学不会人类说话，可以尝试教它们说一些简单的词汇，但是千万不要勉强哦。

来教鹦鹉说话吧！

鸟类为了吸引异性，会发出悠长婉转的叫声，通常都是雄性向雌性展示歌喉。

有些种类的小鸟非常善于模仿。它们喜欢模仿身边其他小鸟的叫声，然后把各种叫声混合在一起，使自己的歌喉更加优美动听。雄鸟之所以会这样做，是为了使自己对雌鸟更有吸引力。

在人类饲养的鸟类中，有的模仿能力很强，甚至可以模仿人类的语言。其中，最具代表性的就是鹦鹉类。野生虎皮鹦鹉过着群居生活，亲子、夫妻、同伴之间会通过各种叫声来交流。因此，它们拥有高超的声音模仿能力。身材娇小的虎皮鹦鹉在驯养早期，原本很擅长模仿人类的语言，经过世代的驯养之后，现在已经很难见到会说话的虎皮鹦鹉了。

要想让宠物鹦鹉学说话，首先要跟鹦鹉建立友好的关系，把鹦鹉当成好朋友，温柔耐心地教它。

每天早上跟它说早安，时常叫它的名字，有的小鹦鹉 1~2 周就开始会说话了。

适合饲养虎皮鹦鹉的环境

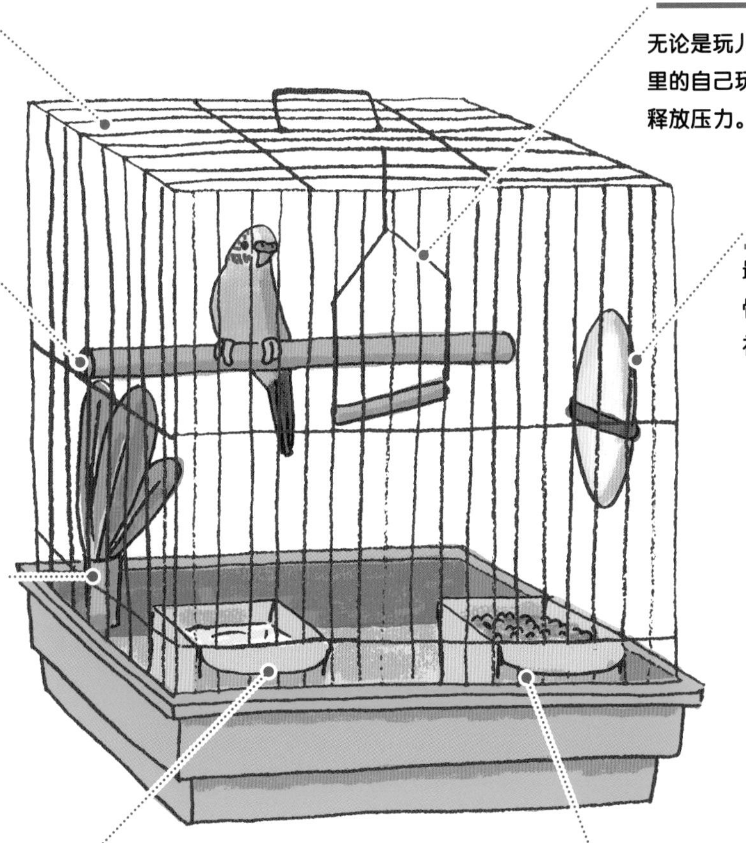

笼子

鹦鹉很喜欢顺着笼子的栅栏攀爬，所以请选择有一定高度的笼子。

玩具

无论是玩儿玩具，还是与镜子里的自己玩耍，都能帮助鹦鹉释放压力。

横杆

鹦鹉大多数时间习惯于站在横杆上。它们经常在横杆上走来走去，所以，当横杆磨损时，要记得帮它们更换新的横杆哦。

乌贼骨

最好为虎皮鹦鹉准备一块乌贼骨。啃食乌贼骨不仅能帮助鹦鹉补钙，还能有效防止鸟喙过长。

青菜盒

日常为虎皮鹦鹉准备一些新鲜的大头菜、油菜、生菜等，帮助心爱的小鹦鹉获取维生素等营养。

水碗

虽然鹦鹉平时不会喝很多水，但还是需要每天为它们准备新鲜的饮用水。

食盆

许多虎皮鹦鹉的口味都很挑剔。但是偏食会导致营养失衡，所以一定要从幼鸟时期就训练让它适应各种食物，保证营养均衡、身体健康。

神奇的草龟：水陆都是家

草龟很长寿哦！请注意它们的饮食和环境卫生。

草龟的身体

尖尖的嘴巴

草龟没有牙齿，因此进化出了尖尖的嘴巴。如果长期喂它柔软的食物，会导致草龟的嘴巴越来越软，无法再咬硬的东西。

背上的隆起

草龟的龟壳上有3列隆起。这正是草龟区别于其他龟的显著特征之一。

隐藏的耳朵

草龟的耳朵长在眼睛后面，由一层薄薄的膜覆盖着，不仔细观察的话很难看出来。

脖子的条纹

草龟的侧脸和脖子上分布着黄绿色的条纹。成年的雄性草龟随着年龄增长，条纹逐渐消失。

坚硬的龟壳

草龟能够把头、四肢和尾巴都缩进龟壳里。龟类蜕皮*的时候，不是全身的外皮同时脱落，而是从甲壳开始一点点剥落。

草龟的特征与习性

草龟一般生活在河流、池塘、水田等淡水区附近，是一种半水生*爬行动物。当它受惊或害怕的时候，四肢根部的臭腺会释放特殊的臭味。如果你不故意捉弄草龟的话，平时它们身上不会有异味。

*半水生：平时一部分时间生活在水中，一部分时间生活在陆地上，滨水而居的生物。

*蜕皮：许多节肢动物和爬行动物，生长期间蜕去旧表皮长出新表皮的过程。（参见P24）

饲养草龟的时候，要在水箱里分出水陆两区。草龟非常喜欢日光浴，所以要把水箱放在有阳光的地方，或者安装紫外线灯。

作为变温动物*，冬季时草龟的体温会下降，活动减少，逐渐进入冬眠状态。一般来说，家庭饲养环境很难让草龟进入真正的冬眠状态。所以冬天的时候，还是尽量把草龟安置在温暖的室内，让小可爱一直醒着吧。

草龟是杂食性*动物。野生草龟大多吃贝类、小虾和小螃蟹等。草龟会在水中排泄，因此需要及时清扫水箱保持卫生，以免草龟的生活环境受到污染。

可能导致草龟生病的原因有很多，最重要的是食物和环境。同时，草龟也是一种长寿的小萌宠。如果精心照顾，它可以活 30 多年呢！

适合饲养草龟的环境

紫外线灯

为了让草龟在室内也能充分享受日光浴，应该尽量把水箱放在家中日照良好的位置。如果没有合适的位置接受充分的日照，也可以选择在水箱上安装紫外线灯。

水箱

多只草龟挤在狭小的空间里生活，会引发小草龟之间的“战争”。因此，如果想要同时饲养多只草龟，建议使用足够大的水箱，或者干脆分开饲养。

“陆地”

利用沉木、石头等材料在水箱中搭建出“陆地”。因为草龟需要在地面上晒太阳。

食物

除了龟饲料以外，草龟还喜欢吃干虾、瘦肉条等。喂这些给小草龟，它们会很开心哦！

戏水区

除了在地面上晒太阳，草龟还喜欢在水中游泳。因此，水箱里要留有适量的清水，并注意保持水质清洁，及时更换。

*变温动物：俗称冷血动物，是指体温随环境温度的改变而变化的动物。

*杂食性：既吃植物性食物，也吃动物性食物。这种同时以植物性和动物性食物为营养的习性，称为“杂食性”。

神奇的热带鱼：水下开繁花

水温和水质管理，是养好热带鱼的关键所在。

热带鱼混养的秘诀

多种鱼混养，应尽量选择体型相近、性情温和的。有些品种的鱼“领地意识”十分强烈，也有些品种的鱼天生好战、攻击性强，这些鱼就不适合混养。另外，也要了解不同的鱼各自喜欢的水域、好动还是好静等。如果实在没有把握，也可以直接向宠物店或宠物医生咨询。

孔雀花鳉

俗称“孔雀鱼”，适应能力强，性情温和，活泼好动，可以与温和的中小型热带鱼混养。孔雀鱼游泳的时候，鲜艳的大尾巴在水中摇来摇去，十分惹眼。因此，请注意不要把它与喜欢攻击孔雀鱼尾巴的鱼混养。

霓虹灯鱼

霓虹灯鱼有些胆小，性格文静，不挑食，能够与其他鱼和平共处。它们经常成群结队地游来游去，光彩夺目，喜欢鱼的小朋友可以多养几条哦。

老鼠鱼

它们嘴巴旁边长着两撮可爱的小“胡须”，酷似水中在游动的小老鼠。老鼠鱼通常只有在吃东西的时候才会变得活泼，平时喜欢安静地躲在水底休息，不会与其他鱼争夺地盘，适合混养。

热带鱼的混养

热带鱼，原本是生活在热带和亚热带地区的河流、湖泊中的小鱼。生活在海里的热带鱼，称为海水热带鱼。热带鱼种类繁多，有的颜色艳丽、花纹独特，有的泳姿优美、鱼尾飘逸。成群结队的热带鱼游来游去追逐嬉戏的样子，使水底世界看起来仿佛是一座繁花盛开的美丽花园。五颜六色的观赏鱼获得了世界各地人们的喜爱。

把不同种类的热带鱼放在一起饲养，叫作混养。由于不同种类的热带鱼习性、特征以及对环境的要求不尽相同，所以并不是所有热带鱼都适合混养哦。

适合饲养热带鱼的环境

过滤系统

包括水泵、海绵、滤网等，可以把水中的食物残渣和小鱼粪便过滤掉，维持水质良好。经过过滤的水重新回到鱼缸中，还能带入新鲜的氧气。

除氯剂

自来水中含有消毒用的氯。氯对热带鱼是有害的，会影响小鱼的健康。最好把自来水放在其他容器中静置几天，或者在阳光下暴晒，等待水中的氯自然消除，再给热带鱼使用。应急的情况下，也可以选择在水中投放除氯剂。除氯剂也会对小鱼造成一定影响，因此，应尽量避免使用这些化学制剂。

照明设备

室内饲养热带鱼，仅仅依靠自然光照，很难保持热带鱼的日常所需。因此，最好配备电灯等专门的照明设备，每天定时开关，帮热带鱼获取足够的光照。

水温计

合适的水温对热带鱼来说非常重要。因此，需要每日精心确认水温，保证小鱼不会冻死。

自动测温仪

能够实时监测鱼缸里的水温，自动开关加热器，保证给小鱼提供稳定的水温。

水草

水草可以优化鱼缸里的水质，让整个鱼缸生机勃勃。水草也是小鱼们喜欢的藏身之处。

加热棒

热带鱼无法在冷水中生存，因此要时刻保证鱼缸里的水温。为了防止突发状况，最好准备一个备用的加热棒。

底沙

如果在鱼缸里养水草，就一定要准备底沙。同时，底沙也能够成为一些有益微生物的栖息地，这些微生物可以帮助分解水中的污垢。

鱼食

热带鱼的鱼食种类繁多。千万不要一次性投食过量，避免小鱼一次吃不完，长时间漂浮在水中，污染水质。

鱼缸

有条件的话，尽量选择大鱼缸，不但可以给热带鱼提供足够的生活空间，水污染的速度也会减慢。同时，也不要忽略家中是否有合适的空间安置鱼缸等。

作为普通的家庭爱宠，淡水热带鱼比海水热带鱼更容易饲养。特别是对刚开始养鱼的新手主人来说，选择那些性格温和、适应能力强的鱼就很适合。比如，孔雀鱼、霓虹灯鱼和老鼠鱼等。

水温和水质对热带鱼尤为重要。新手主人应该提前了解热带鱼的习性，提前准备好养鱼的全套装备。此外，也可以适当为鱼缸添置一些营造气氛的装饰物，给心爱的小鱼营造一个温馨的“家”。一旦开始饲养，一定要精心照顾这些美丽的小家伙儿，勤于清理，用爱心记录小鱼的快乐成长吧！

神奇的小龙虾：平衡全靠沙

要保证水质清洁，注意观察小龙虾的蜕皮和繁殖。

小龙虾的身体

吸氧的鳃

生活在水中的小龙虾，与鱼类一样用鳃呼吸。小龙虾从腿根部把水吸进身体，然后通过身体里面的鳃吸收溶解在水中的氧气。

保持平衡的平衡胞

平衡胞是无脊椎动物的平衡器官。小龙虾的平衡胞长在小触角的根部，也就是双眼之间凸起部分的下方。平衡胞就像一个小口袋，内侧布满感觉毛。小口袋里有沙粒，小龙虾身体晃动时沙粒也会跟着动。感觉毛通过感知沙粒的晃动进而诱发平衡反射，以此来保持小龙虾的身体平衡。

变色的壳

在不同的生活环境和不同的成长阶段，小龙虾的壳会改变颜色。比如美国小龙虾，大多数时候壳是红色的，有时也会变成橙色、青色或白色的。

排尿的肾管

小龙虾从尾巴附近的肛门排泄大便，小便则是从嘴巴旁边的肾管排出。

蜕皮和平衡胞

小龙虾属于虾类大家族。像虾、蟹这样的动物，随着自身的成长会不断蜕掉旧的壳，换上新的壳，这叫作“蜕皮”。它们每蜕一次皮，身体就会长大一些。

幼年的小龙虾生长速度很快，每年需要蜕很多次皮。成年以后蜕皮次数逐渐减少。小龙虾终生不断地蜕皮。

刚刚蜕皮的小龙虾，壳很柔软，如果在此期间遭到袭击，容易有生命危险。如果同时饲养多只小龙虾，一定要留心观察小龙虾的蜕皮情况，避免蜕皮期间发生同类相食*的惨剧。

为了让壳更加坚硬，需要注意帮小龙虾补钙。一般来说，小龙虾在蜕皮之前，会把身体里的钙暂时集中到胃里。藏在胃里的钙叫“胃石”，看起来就像小石粒一样。蜕皮以后，胃石会慢慢分解，回归小龙虾的身体表面，新的壳才会由软变硬。

生活在水中的小龙虾，为了在水流中保持身体平衡，长着一个叫作“平衡胞”的器官。有了平衡胞，即使水流时刻变换，小龙虾也不会在水中“摔跤”啦。

适合饲养小龙虾的环境

食物

小龙虾是杂食性动物，不挑食，可以喂它们鱼、肉或者菠菜。

水箱

选择大的水箱，同时饲养雌性和雄性小龙虾，比较容易繁殖。

过滤系统

如果选择深水饲养小龙虾，就必须准备过滤装置，保证水质清洁。除了依靠过滤装置，主人一定要帮它们勤换水，保证小龙虾身体健康。

水草

水草既可以成为小龙虾的食物，也可以作为它们休息的地方。

底沙

底沙可以使小龙虾在水底行走更加方便。平衡胞中的沙粒，在小龙虾蜕皮之后就会掉落消失。所以，每当小龙虾蜕皮之后，不妨往它的身上撒些沙子，帮助沙粒快速进入平衡胞里。

藏身之处

在一个水箱中同时饲养多只小龙虾时，为了防止同类相食，需要帮小龙虾准备必要的藏身之处。可以利用石块、小型树根、塑料管道等，给小龙虾提供隐蔽之处。如果发现快要蜕皮的小龙虾，最好将其暂时转移到其他水箱中单独饲养。

*同类相食：生物吃掉自己同类的现象。

老鼠和松鼠家族

像老鼠、松鼠这类的小毛球，可是宠物界的人气明星哦！

黄金仓鼠

资料

杂食性的活泼小萌鼠	
体长	14~19 厘米
体重	130~210 克
特征和性格	黄金仓鼠俗称“金丝熊”，原产于叙利亚附近地区，是喜欢夜间活动的杂食性小动物。黄金仓鼠比较容易适应与人类共处，但它们是独居动物，不适合多只同笼饲养。

资料

性格内向，害怕孤独的小萌鼠	
体长	21~25 厘米
体重	600~1200 克
特征和性格	几千年前，南美人就已经开始饲养豚鼠了。豚鼠是食草性小动物，野生豚鼠通常在夜间外出活动。家养的宠物豚鼠，生物钟会变得与人类相似。豚鼠是一种容易孤独的小萌宠，建议多只同时饲养。

豚鼠

资料

浑身尖刺保护自己

体长	17~25 厘米
体重	230 ~ 700 克
特征和性格	迷你刺猬的体型娇小可爱。野生迷你刺猬是夜行性动物，捕食老鼠和昆虫。遇到危险或受到惊吓时，会立刻把自己缩成一团，浑身的尖刺都会立起来，使敌人无法靠近。迷你刺猬对熟悉的人不会害怕，主人可以安心拥抱哦。

迷你刺猬

金花鼠

资料

戒备心强的森林小松鼠

体长	12~17 厘米
体重	50 ~ 120 克
特征和性格	野生金花鼠一般在土里挖洞筑巢，白天它们通常在树上活动。金花鼠比较胆小，戒备心非常强。同时，它们也是一群好奇心旺盛的小家伙儿，与人熟悉以后，会爬到主人的手上或肩上，可以放心拥抱哦。

鼯鼠

资料

会滑翔的小萌鼠

体长	14 ~ 20 厘米
体重	50 ~ 140 克
特征和性格	野生鼯鼠是夜行性小动物，前足和后足之间有飞膜。张开飞膜，鼯鼠就可以在树木之间滑翔。家养鼯鼠需要准备又高又宽阔的笼子，笼子里最好再搭一些树枝。鼯鼠有时有点儿神经质。

兔子和鼬鼠家族

除了毛茸茸的兔子以外，许多“毛球”都成了人类家庭的小爱宠。

荷兰垂耳兔

资料

双耳下垂的温柔小兔子	
体长	约30厘米
体重	1.8 ~ 4千克
特征和性格	从欧洲的野生兔子人工培育改良而来的品种。一对下垂的长耳朵是最大的特点，有的垂耳兔耳朵甚至可以拖地。垂耳兔性情温驯、娇小可爱，很适合小朋友饲养。建议多只同时饲养。

鼬鼠

资料

喜爱玩耍的小鼬鼠	
体长	35 ~ 40厘米
体重	0.6 ~ 2.3千克
特征和性格	鼬鼠也叫“貂”最初是人类捕猎兔子的小助手，后来人类为了获取它们的皮毛而开始饲养。鼬鼠是肉食性小动物，野生鼬鼠一般在地下挖洞筑巢。它们特别喜欢玩耍，如果陪它们一起玩儿玩具，它们会很开心。

狐獴

资料

原产于非洲南部的獴科小动物

体长	25~35厘米
体重	0.6～1千克
特征和性格	野生狐獴属于群居动物，一群狐獴可达30只左右。从小开始饲养的话，能够很好地适应与人类相处，但是狐獴一般不会像狗那样容易教导。带它们去阳光充足的地方散步，就有机会看到它们两只后脚站立晒太阳的可爱模样。

尤金袋鼠

资料

小型袋鼠

体长	52～68厘米
体重	2.3～6.1千克
特征和性格	尤金袋鼠原产于澳大利亚。袋鼠宝宝在妈妈的口袋里长大。尤金袋鼠通常比较胆小易怒，不太容易与人类亲近。一旦熟悉以后，也会向你露出肚子展示自己放松的一面。

资料

小型猴子的典型代表

体长	27～37厘米
体重	0.5～1.2千克
特征和性格	松鼠猴原产于南非，在广阔的森林中成群结伴地生活，同伴之间的关系比较密切。如果单独饲养，需要每天抽出时间陪它玩耍，以避免松鼠猴感到寂寞。

松鼠猴

鸟类家族

古时候起，人类就已经开始饲养各种各样的小鸟了。

天资聪颖的鹦鹉

体长	28～39厘米
特征和性格	非洲灰鹦鹉是原产于非洲的大型鹦鹉。与一般的小型鹦鹉相比，它们性情沉稳、聪明伶俐。据说，这种鹦鹉的智商和情商甚至可以达到人类幼儿的水平。非洲灰鹦鹉寿命很长，可达到50年左右。陪它们一起玩儿玩具，它们会很开心。

资料

世界著名的鹦鹉

体长	约18厘米
特征和性格	虎皮鹦鹉是一种原产于澳大利亚的小型鹦鹉。它们非常容易与人亲近，耐心教导，还可能学会唱歌和说话。但虎皮鹦鹉挑食，喂食的时候请注意营养均衡。

※鸟类的体型大小，通常以体长来计算。

爪哇禾雀

资料

羽毛颜色朴素的小鸟

体长	约14厘米
特征和性格	爪哇禾雀是原产于印度尼西亚的小型鸟类。生命力顽强，易于饲养，主人可以享受到它们飞到手上来撒娇的乐趣。

纵纹腹小鸮

资料

拥有金色眼睛的小型猫头鹰

体长	18～23厘米
特征和性格	纵纹腹小鸮的戒备心强，有点儿神经质，偶尔有攻击性，不喜欢被抚摸。如果饲养纵纹腹小鸮，最好专门给它准备一个房间，以便自由飞翔。

红金丝雀

资料

一身烈火般的红羽毛

体长	12～20厘米
特征和性格	红金丝雀是由橘红金丝雀与绯雀交配*培育出的新品种，一身红色的羽毛非常艳丽。雄雀的音色尤为优美动听。为了保持它们艳丽的红羽毛，建议喂食专用的“增色饲料”。

*交配：雌性和雄性的生殖细胞结合，进而产生后代。本书中是指为了培育新品种的宠物而进行的繁殖活动。

蜥蜴和青蛙家族

在爬宠类和两栖类宠物中，除乌龟以外，蜥蜴和青蛙的人气也逐渐上升。

资料

原产于日本的小蜥蜴

体长	17 ~ 25 厘米
特征和性格	日本草蜥尾巴特别长，容易与人共处，几乎遍布日本全国。可以给它们喂蟋蟀或苍蝇等小昆虫，适当进行日光浴。

超受欢迎的宠物蛙

体长	10 ~ 13 厘米
特征和性格	角蛙原产于南美地区。幼年时期以蝌蚪的形态生活在水中，长大以后可以在陆地上生存。角蛙喜欢捕捉活动的小东西，是肉食性动物，喜欢吃活的昆虫和小鱼。

※蜥蜴、蛙类和龟类的体型大小，通常以体长来计算。

草龟

资料

脖子上有漂亮的花纹

体长　20～30厘米

特征和性格　草龟是一种半水生乌龟，主要分布于东亚地区。草龟受惊时会发出臭味，所以也叫“臭龟”。

豹纹壁虎

资料

世界著名的小壁虎

体长　18～28厘米

特征和性格　豹纹壁虎原产于中东地区，属于蜥蜴科。豹纹壁虎的攀援能力不是很强。每只个体*都有不同的颜色和花纹，比较容易饲养。

美西钝口螈

资料

以“娃娃脸”著称

体长　20～28厘米

特征和性格　美西钝口螈俗称“六角恐龙”，是比较稀有的两栖类动物，因其独特的外貌而闻名。幼体生活在水中，成年后生活在陆地上。它们的视力较差，多靠嗅觉捕食。

*个体：指特定的一只动物。

鱼类家族

在鱼缸里摇头摆尾游来游去的样子非常有魅力。

孔雀花鳉

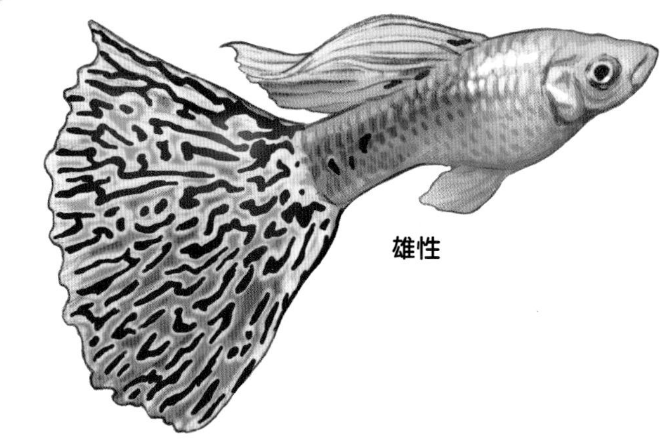

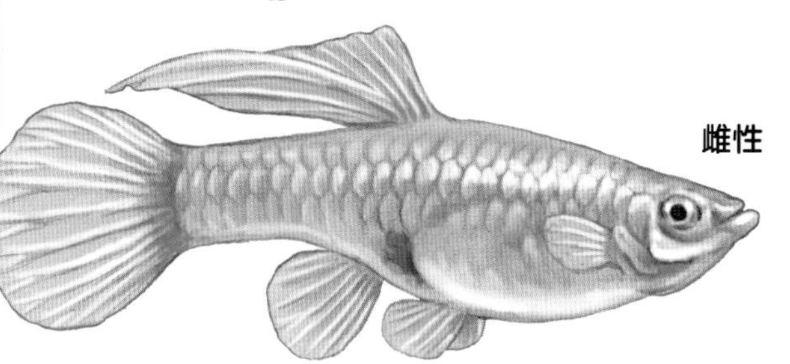

资料

饲养热带鱼的不二之选

体长	4 ~ 5厘米
特征和性格	孔雀花鳉俗称“孔雀鱼”，身体健康，易于饲养。孔雀鱼的颜色和花纹多种多样，因其孔雀般美丽的大尾巴而闻名世界。与雌性相比，雄性看起来更加华丽。雌雄一起养的话，有机会观察到雌性孔雀鱼繁殖。

霓虹灯鱼

资料

身上反光，看起来就像霓虹灯一样

体长	3 ~ 4厘米
特征和性格	霓虹灯鱼原产于南美地区。身上具有独特的反光色彩。霓虹灯鱼性格安静而温驯，成群结队一起游动的样子非常壮观，深受饲养者的喜爱。

※鱼类的体型大小，通常以体长来计算。本书仅介绍淡水鱼。

资料

鱼缸里的“清道夫”

体长　约6厘米

特征和性格　老鼠鱼原产于南美地区，嘴边的胡须是它们最大的特点。老鼠鱼能够清理其他鱼留下的食物残渣和鱼缸里的污垢，是非常合格的“清道夫”。

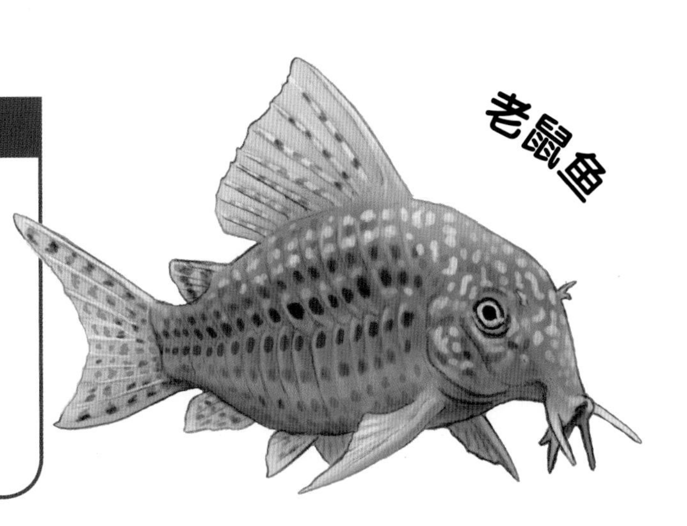

双须骨舌鱼

资料

亚马孙河流域的大鱼

体长　约120厘米

特征和性格　双须骨舌鱼俗称“银龙鱼”，周身泛着银色光辉，是大型热带鱼。它们慢慢游动的样子充满魅力。从幼年时期的10厘米左右生长到成年大鱼，只需要很短的一段时间，因此需要提前准备好大鱼缸。双须骨舌鱼的寿命长达10年之久。

资料

对水质和环境变化特别敏感

体长　约3厘米

特征和性格　日本的青鳉鱼以前遍布河流田间，现在却变成了濒危物种*。把雌性和雄性一起养在有水草的鱼缸里，有机会观察到雌性繁殖。

青鳉鱼

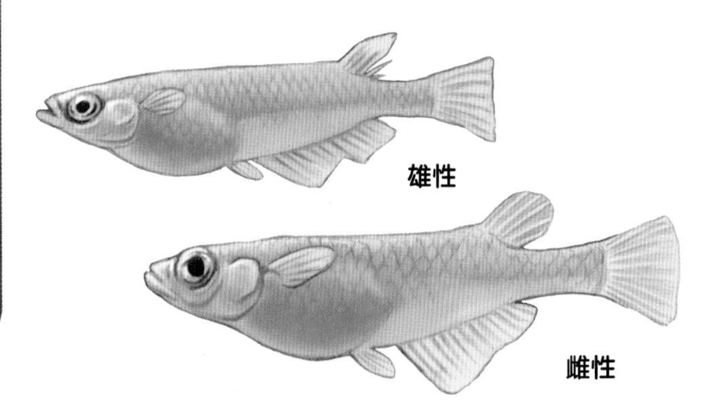

*濒危物种：濒危物种指所有由于物种自身的原因或受到人类活动、自然灾害等影响，导致其野生种群在不久的将来面临灭绝的物种。

虾蟹家族

我们在河里和小溪里，经常能发现小河蟹和淡水虾。

资料

淡水区常见的小螃蟹

体长	约2.5厘米
特征和性格	在清澈的溪流或小河里，经常可以见到淡水蟹。不同流域里生活的淡水蟹，壳的颜色也不尽相同。饲养淡水蟹，要保证水的清洁，并给它们提供藏身之处。淡水蟹很容易饲养，除了饲料以外，还可以喂它们饭粒、面包屑、鱼片等食物。

淡水蟹

资料

容易饲养的小虾

体长	2～3厘米
特征和性格	青虾是一种淡水虾，几乎分布在全国各地。饲养青虾需要在鱼缸里准备一些水草，以便小虾能够找到藏身之处。同缸饲养雌性和雄性，有机会观察到青虾繁殖。

青虾

※虾的体型大小，通常以体长来计算。螃蟹的体型一般用蟹壳宽度来计算，寄居蟹则是以体重计算。

资料

原产于美国的蓝色龙虾

体长　10 ~18 厘米

特征和性格　佛罗里达龙虾与普通的美国龙虾不同，成熟的佛罗里达龙虾有着一身漂亮的蓝色虾壳。它们没有美国龙虾耐寒，冬天要保证饲养温度不低于10℃。

佛罗里达龙虾

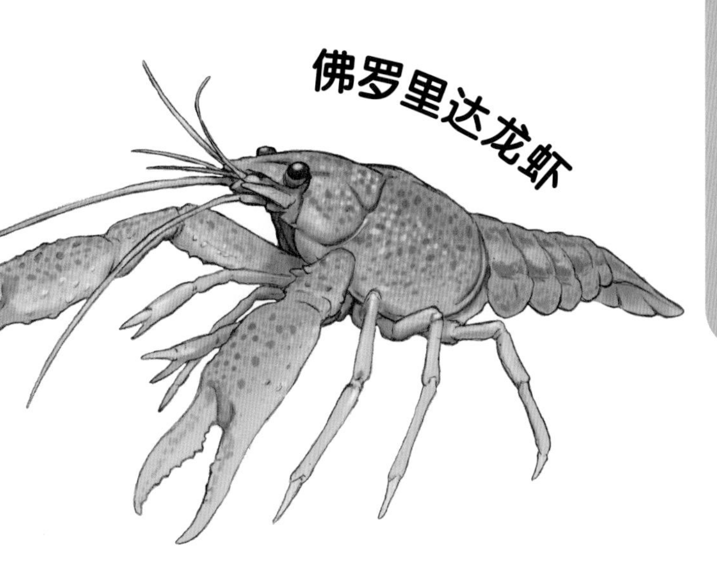

樱花虾

资料

拥有一身颜色鲜艳的红色外壳

体长　约 2.5 厘米

特征和性格　樱花虾是一种很受欢迎的观赏虾。它们平时总是小心翼翼。饲养樱花虾需要在鱼缸里帮它们准备青苔，而且不能与有攻击性的鱼同养。

资料

绝大部分时间生活在陆地上的寄居蟹

体重　约 160 克

特征和性格　原本生活在海里的陆生寄居蟹经过长期进化，呼吸系统已经不能适应长时间的水下生活，所以，它们大部分时间生活在温暖地带的海边陆地上。陆生寄居蟹是杂食性动物，喜欢番薯和青菜等食物。陆生寄居蟹在不断长大的过程中，需要多次“搬家”，更换适合自己体型的贝壳。因此，请在鱼缸里提前准备各种型号的贝壳，为它们提供合适的“房子”。

陆生寄居蟹

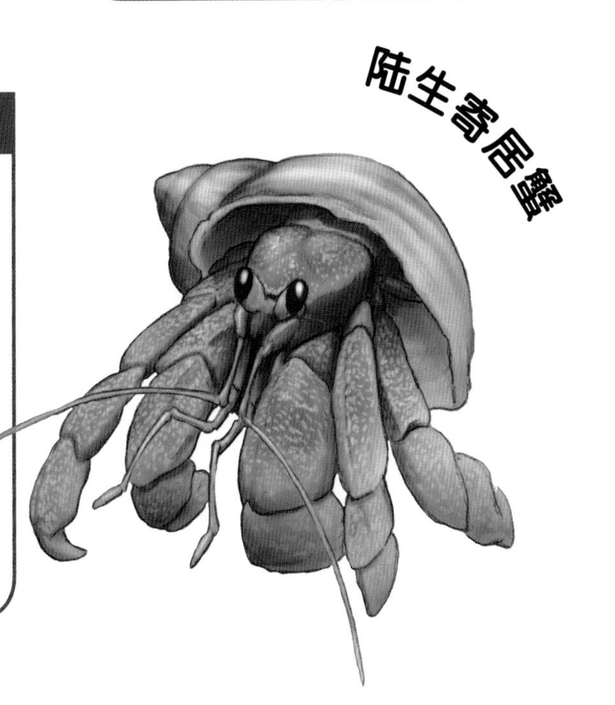

图书在版编目（CIP）数据

送给孩子的宠物小百科. 萌宠来了 /(日) 小野寺佑纪著；张岚译. —沈阳：辽宁科学技术出版社，2022.7
ISBN 978-7-5591-2228-5

Ⅰ. ①送… Ⅱ. ①小… ②张… Ⅲ. ①家庭－宠物－儿童读物 Ⅳ. ①TS976.38-49

中国版本图书馆CIP数据核字(2021)第172168号

出版发行：辽宁科学技术出版社
（地址：沈阳市和平区十一纬路25号　邮编：110003）
印 刷 者：凸版艺彩（东莞）印刷有限公司
经 销 者：各地新华书店
幅面尺寸：210mm × 260mm
印　　张：3
字　　数：80千字
出版时间：2022 年7月第1版
印刷时间：2022 年7月第1次印刷
责任编辑：姜　璐　许晓倩
封面设计：许琳娜
版式设计：许琳娜
责任校对：徐　跃

书　　号：ISBN 978-7-5591-2228-5
定　　价：45.00 元

投稿热线：024-23284062
邮购热线：024-23284502
E-mail:1187962917@qq.com

揭秘萌宠知识
助你科学识宠、养宠

智能阅读向导为正在阅读本书的你，提供以下专属服务

萌宠百态图

用可爱治愈你，如果
一只不行，那就两只

神奇动物园

带你探索超有料的
动物小百科

萌宠护理家

健康护宠指南
做有温度的科普

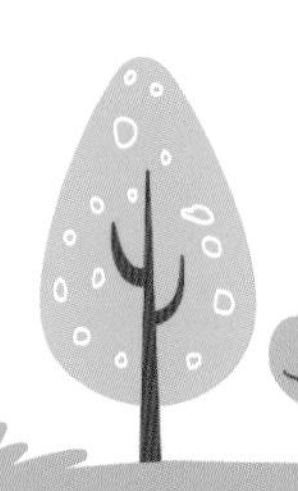

不可思议的动物图鉴

从出生到成长，从捕食到竞争，从婚育到筑巢，还有跨越物种的共生……动物生存的秘技令人惊叹。

从体貌的进化到体貌的特点，从体型的差异到体型的作用……揭秘千姿百态的动物体貌。

动物如何获取美食？动物怎样保护自己？动物为了生儿育女做出了哪些努力……揭开动物各种行为背后的秘密。

奇幻大自然探索图鉴

“大小”“重量”“速度”“强弱”“智慧”等，各种关于恐龙的新发现！这是一本以历史事实和科学根据为基础创作的新型幻想科学图鉴！

深海生物、沉没的古代文明、超级大陆……跟着这本图鉴，环游地球一圈儿，乘着潜艇去探索地球神秘地带吧！

如果跳蚤和蜘蛛等身边的生物变得力量强大……从这种不可能的设定入手，这本充满新感觉的图鉴不仅介绍了山野和大海里的危险生物，还告诉我们其实近在咫尺的生物也很危险。

如果珍稀动物和人类比赛的话……通过各种各样的奇妙对决，带小朋友了解世界各地的珍稀动物。充满惊喜的幻想科学图鉴，让世间奇妙的动物们展开巅峰对决！

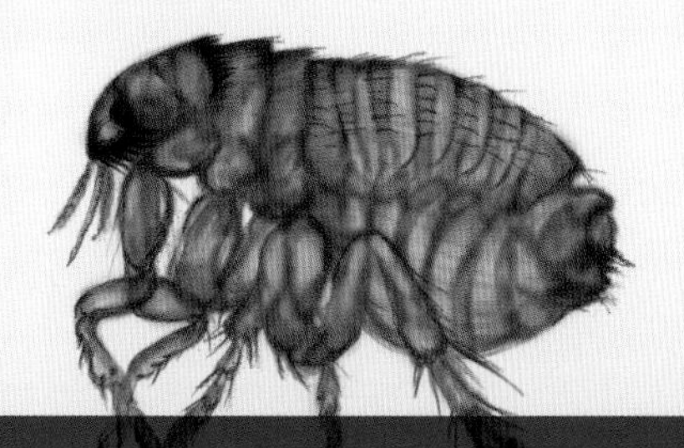

不可思议的健康

（热带鱼）

为了防止热带鱼生病，应该定期更换鱼缸里的水。

来帮小鱼换水吧

①困水

用干净的水桶或储水容器接好干净的自来水，放在通风处晾晒，静置5天以上。如果需要应急，为了快速除氯，可选择在水中加入适量除氯剂；冬季自来水较凉，可以加入适量热水，将水温调至鱼缸里原来的水温。

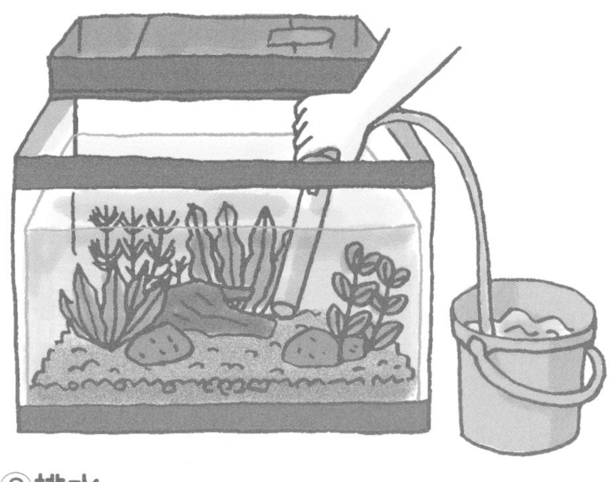

②排水

关掉照明灯和加热器的电源，排掉鱼缸里1/3~1/2的水。如果有专用的抽水工具会很方便。

不要小瞧换水哦

为防止热带鱼生病，清洁鱼缸和水质管理必不可少。

虽然过滤网和鱼缸里的一些微生物可以清理掉大部分食物残渣和鱼的粪便，但长时间不换水，水质还是会慢慢变差。所以，给小鱼换水是很重要的一项工作。

换水的时候，不要一次性全部换成新水，每次更换鱼缸中 1/3~1/2 的水即可。这是因为，如果水温和水质发生急剧变化，会对热带鱼产生不良影响。

自来水中含有消毒用的氯，也会影响小鱼的健康，因此一定要提前准备更换用水。

来帮鹦鹉做体检

观察它是否突然变得有攻击性

检查鼻子周围是否有污垢

检查叫声是否正常，是否频繁打哈欠，是否正常进食

检查站立和行走的姿势是否有变化

观察它是否趴着不爱动

检查呼吸是否有杂音

*鹦鹉平时喜欢站着，但是当它感到冷或者生病的时候，身体就会趴下来。放松或者睡觉的时候，鹦鹉也会趴着。所以，细心观察它们的姿势，有助于分辨爱宠是否生病了。

检查排泄是否正常

来帮乌龟做体检

检查它是否流鼻涕

检查龟壳是否变软或产生其他异变，观察表面是否有霉菌

观察它是否一直张着嘴巴，是否正常进食

检查眼睛是否红肿充血

检查耳朵是否肿胀

检查皮肤表面是否有出血点

检查排泄是否正常

检查指甲长度是否影响行动